植物有故事，植物不简单

热带植物有故事

▌海南篇▐

南药·棕榈·水果·香料饮料·珍稀林木·花卉

崔鹏伟　张以山等／主编

首批全国优秀出版社

中国农业出版社

农村读物出版社

图书在版编目（CIP）数据

热带植物有故事. 海南篇. 香料饮料 / 崔鹏伟，张以山主编. — 北京：中国农业出版社，2022.8
　　ISBN 978-7-109-30576-2

Ⅰ.①热… Ⅱ.①崔… ②张… Ⅲ.①热带植物－海南－普及读物 Ⅳ.①Q948.3-49

中国国家版本馆CIP数据核字（2023）第057300号

热带植物有故事·海南篇　香料饮料

REDAI ZHIWU YOU GUSHI·HAINAN PIAN　XIANGLIAO YINLIAO

中国农业出版社出版

地址：北京市朝阳区麦子店街18号楼

邮编：100125

特邀策划：董定超

策划编辑：黄　曦　　　责任编辑：黄　曦

版式设计：水长流文化　　责任校对：吴丽婷

印刷：北京中科印刷有限公司

版次：2022年8月第1版

印次：2022年8月北京第1次印刷

发行：新华书店北京发行所

开本：710mm×1000mm　1/16

总印张：28

总字数：530千字

总定价：188.00元

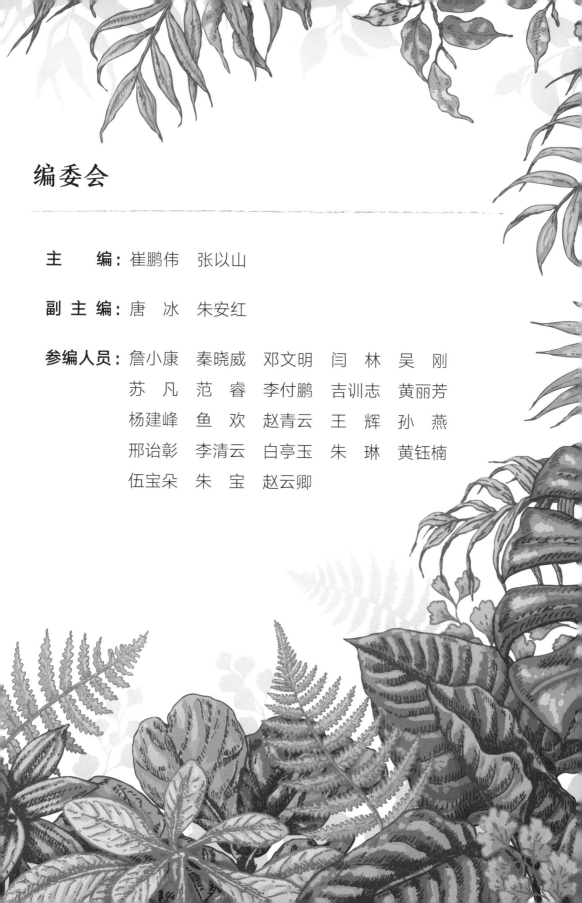

海南植物有故事

我国是世界上植物资源最为丰富的国家之一，约有 30 000 种植物，占世界植物资源总数的 10%，仅次于世界植物资源最丰富的马来西亚和第二位的巴西，居世界第三位，其中裸子植物 250 种，是世界上裸子植物种类最多的国家。

海南植物种类资源丰富，已发现的植物种类有 4 300 多种，占全国植物种类的 15% 左右，有近 600 种为海南特有。花卉植物 859 种，其中野生种 406 种，栽培种 453 种，占全国花卉植物种类的 10.8%；果树植物 300 多种（包括变种、品种和变型），占全国果树植物种类的 8.5%；《海南岛香料植物名录》记载香料植物 329 种，占全国香料植物种类的 25.3%；药用植物 2 500 多种（有抗癌作用的植物 137 种），占全国药用植物种类的 30% 左右；棕榈植物 68 种，占全国棕榈植物种类的 76.4%。

在众多植物资源中，许多栽培历史悠久的经济作物，生产的产品包括根、茎、叶、花、果等，不仅具有较高的营养价值和药用价值，还具有很高的观赏、生态和文化价值。古籍典故和不少诗词中，都有关于植物的记载。

中国热带农业科学院为农业农村部直属科研单位，长期致力于热带农业科学研究，在天然橡胶、热带果树、热带花卉、香料饮料、南药、棕榈等种质资源收集、创新利用中取得了显著的科研成果，对发展热带农业发挥了坚实的科技支撑作用。为保障我国战略物资供应和重要农产品有效供给、繁荣热区经济、保障热区边疆稳定、提高农民生活水平，做出了卓越贡献。

为更好地宣传普及热带植物的知识，中国热带农业科学院组织专家编写了《热带植物有故事·海南篇》（花卉、水果、南药、香料饮料、棕榈、珍稀林木）。

本套书共六分册，收集了热带地区具有故事性的热带植物品种近两百种，每个品种分植物的基本概况、与植物相关的文化故事两个主题进行编写，以植物品种介绍为基础，图文并茂，并附赠科普小视频，能够让广大读者更直观地认识各种热带植物，了解更多的与植物相关的文化故事，是一套颇具知识性、趣味性的热带植物科普读物，具有较高的学习价值和参考价值。

刘旭

2022 年 8 月

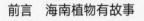

目 录

CONTENTS

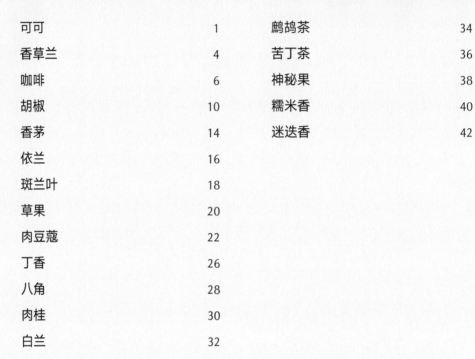

前言　海南植物有故事

可可
Theobroma cacao Linn.

扫描二维码
了解更多

一 植物档案

　　可可别称巧克力树，梧桐科可可属多年生常绿小乔木。其树冠繁茂，树皮呈灰褐色，叶片多呈椭圆形，可可果呈椭圆或卵圆形，未成熟果实呈绿色、红色、紫色等，成熟后呈黄色或橙红色，每年的5—11月开花最多，果熟期为9—11月和次年的2—4月。可可原产于南美洲亚马孙热带雨林，至今已有3 000多年的栽培历史，1954年引入海南种植，目前我国种植区主要在海南东南部、云南西双版纳等地。可可与咖啡、茶被并称为世界三大饮料，是制作巧克力、饮料、糖果、糕点等的重要原料，有"巧克力之母"之称。可可豆经过发酵、晾干、烘炒、研磨后经低温压榨，便可产生可可脂和可可粉。可可脂是加工巧克力的主要原料；可可粉富含蛋白质、多酚、可可碱等，具有滋补、兴奋的功效，可制作可可椰奶、可可咖啡等调饮饮料。中国热带农业科学院保存有丰富的可可种质资源，并研发出各类可可产品。

二 植物有故事

在中南美洲流传着这样的神话传说，有一名阿兹特克人，因为拒绝向敌人透露族人的藏宝地而遇害。掌管播种、收获、五谷丰登的羽蛇神，为表彰这名阿兹特克人的勇气与忠诚，将可可树作为礼物赐予他的族人。可可豆味苦代表顽强的意志，味香如其高尚的情操，味浓蕴含其坚贞的信念。

公元前6世纪，玛雅人将可可豆烘干磨碎，配以辣椒和肉桂，调制出一种称为"xocolatle"的苦味饮料，这便是巧克力的最早来源。后来，这种饮料流传到阿兹特克帝国，阿兹特克人称其为"chocolat"。19世纪以后，为了适应人们口味的变化，巧克力逐渐加入糖、牛奶等配料。

玛雅人是最早种植可可的民族，他们以可可豆当作货币，支付税金，或购买奴隶。14至16世纪，这期间，阿兹特克人认为可可豆价值连城，将其与黄金和宝石一起保管。在16世纪的中美洲，4粒可可豆可以买一个南瓜，10粒可可豆能买一只兔子，100粒可可豆就能买一个奴隶。

可可产品

香草兰
Vanilla planifolia Andrews

扫描二维码
了解更多

一 植物档案

香草兰别称香子兰、香果兰、扁叶香草兰，兰科香荚兰属多年生热带藤本攀缘植物。香草兰多节，茎光滑色绿，圆柱形，种植后 2～3 年可开花结荚，其果荚可加工成香草兰商品豆荚，素有"天然食品香料之王"誉称，是制作香水、香烟、名酒、茶叶及冰激凌等各种高档食品和化妆品的配香原料。全属110种，主栽品种为墨西哥香草兰、大花香草兰及塔希提香草兰。主产国有马达加斯加、印度尼西亚、墨西哥、科摩罗等热带国家。据记载，香荚兰具有治热毒、疮疡、无名肿毒等药用功能。科学实验证明，香草兰果荚有催欲、滋补和兴奋作用，可以改善脑功能、强心、健胃、解毒、祛风和增强肌肉力量。对癌症、抑郁症、阳痿、虚热和风湿病等有一定的治疗效果。

二 植物有故事

香草兰起源于墨西哥南部及东部、中美洲和南美洲北部的热带雨林中，至今已有 500 多年的使用历史。当地人认为香草兰是圣物。传说美丽的公主爱上了平凡的青年，大神司因而震怒下令追杀两个相爱的年轻人，后来，在他们血染过的土地上长出了香草兰，而它馥郁的香气象征着公主纯洁的心灵。印第安部落祭祀神灵时，祭师们会将香草兰豆荚磨碎后燃烧，使整个庙宇充满香气。中世纪的欧洲，西班牙探险船队因寻找"香料群岛"发现了美洲，墨西哥阿兹特克人的首领蒙特苏马用当地上等的饮品——香草可可盛情款待了探险船队，探险船队被它神奇迷人的味道而震惊。随后，欧洲及各国殖民地开始尝试扩种香草兰并逐渐引种至欧洲、亚洲等地种植。我国在 19 世纪 60 年代引进香草兰，先后解决了遮阴覆盖、人工授粉和落荚控制等技术难题，80 年代开始集约化生产，亩①产商品豆荚 40 千克以上，一定程度上降低了我国香草兰对进口的依赖度。

香草兰产品

①亩为非法定计量单位，1 亩≈667 平方米。——编者注

Vanilla planifolia Andrews　香草兰　**5**

咖啡
Coffea

扫描二维码
了解更多

一 植物档案

　　咖啡为茜草科咖啡属多年生常绿灌木或小乔木。用作饮料的有三个种，分别是小粒种咖啡（*Coffea arabica* L.）、中粒种咖啡（*Coffea canephora* Pierre ex Froehn.）、大粒种咖啡（*Coffea liberica* Bull ex Hiern）。咖啡原产于非洲，为热带雨林下层树种，具有耐荫蔽等特性。全属约有 120 多个种，生产上栽培的主要为小粒种和中粒种，大粒种咖啡仅有零星种植，其余种类主要作为种质资源和育种材料保存。小粒种咖啡是咖啡属中唯一的四倍体，自花授粉；中粒种和大粒种为二倍体咖啡，异花授粉。三个栽培种咖啡从树型长势即可区别，小粒种咖啡树型矮小、紧凑，叶片小而末端比较尖，革质；浆果成熟时呈红色，个别呈黄色，果肉较甜而多汁，易与种子分离。中粒种树型开张，高度中等，叶片较大，质软而薄；果实为圆形、椭圆形或扁圆形，成熟时橙红色、深红色或紫红色，果皮和果肉较薄，紧贴种子不易分离。大粒种咖啡树型高大，枝条粗硬，叶片革质，硬厚，端尖；果实大，长圆形，成熟时朱红色，果皮及果肉厚硬，果脐明显突起。

　　咖啡与可可、茶并称为世界三大饮料，是热带最大宗的食品原料之一。果实成熟后除去果皮及种皮所得的种子称生咖啡或咖啡豆。生咖啡经焙炒后研细得咖啡粉，即可制作饮料。有这么一句话形象地概括了咖啡的特性："黑黝如恶魔，滚烫如地狱，纯洁如天使，甜蜜如爱情。"咖啡具有提神、利尿、抗衰老、抗氧化、降脂等作用。咖啡虽具有很多保健功能，但孕妇和婴幼儿不宜饮用，高血压、心脏病患者不宜大量饮用。

二 植物有故事

咖啡原产于非洲，阿拉伯人中世纪时栽培了咖啡，15 世纪以后大规模栽培利用，17 世纪末欧洲人把咖啡传遍全世界，清晚期咖啡传入中国。改革开放以来，泡咖啡馆和饮咖啡这种生活方式在中国开始普及，并逐步形成了中国咖啡文化。

关于咖啡的起源有种种不同的传说。其中，最普遍且为大众所津津乐道的是牧羊人的故事。相传，一个牧羊人在红海岸边一座修道院周围的山上放牧。他注意到他的山羊在嚼了山上灌木丛长出的色泽微红的浆果后，很快变得躁动不安，兴奋不已。修道院一僧侣观察到它们的行为后，摘取了一些浆果回到修道院，烘烤和冲泡它们，并让修道院其他人喝这种饮料。结果，他们在晚上长时间的祷告过程中，发现这种饮料能驱赶困倦和睡意。

咖啡主要品种

◆ 大粒咖啡 ◆

◆ 中粒咖啡 ◆

◆ 小粒咖啡 ◆

咖啡主要产品

胡椒
Piper nigrum L.

扫描二维码
了解更多

一 植物档案

胡椒别名昧履支、浮椒、玉椒，胡椒科胡椒属，多年生木质藤本植物，是世界上最重要的香辛作物，也是人们喜爱的调味品。胡椒广泛分布于亚洲、非洲、拉丁美洲 40 多个国家和地区。我国胡椒主要分布在海南、云南、广东等地，种植面积和产量均居世界第五位。在医学领域，胡椒可被用作健胃剂、解热剂和支气管黏膜刺激剂等；在食品工业，可用作抗氧化剂、防腐剂和保鲜剂；经生物工程改造后，还可广泛应用于现代制药、戒烟、戒毒和军事等领域。

长期以来，我国胡椒主栽品种以热引 1 号（*P. nigrum cv. Reyin*—1）为主，其种植面积超过 95%。热引 1 号胡椒平均单株鲜果种 10.74 千克，千粒重 43 克，胡椒碱和挥发油含量分别为 5.29% 和每一百克 1.42 毫升，属于高产低抗品种。根据记载，我国胡椒野生种类共有 61 种和 5 个变种。中国热带农业科学院香料饮料研究所资源育种研究团队在国际植物分类期刊发表我国胡椒属新种：盾叶胡椒（*Piper peltatifolium*）、尖峰岭胡椒（*Piper jianfenglingense*）和水晶胡椒（*Piper semi—transparens*）等新种 3 个。

新种的发现使世界胡椒属分类群增加了新种类，进一步丰富了胡椒属物种多样性，并为我国增加了珍贵的育种材料，某些基因性状可能在今后胡椒育种中发挥重要作用，具有重要的科学研究和利用价值。

二 植物有故事

胡椒被誉为"香料之王"，起源于印度，风靡于欧洲。因为取之不易，使得胡椒具有一种神秘的魅力，吸引着欧洲人远渡重洋来到印度寻找原料，从而促成了全球胡椒贸易的兴起。胡椒贸易带来的丰厚利润，让抢得先机的古代商人费尽心思来描述它的珍贵，使得胡椒在欧洲人眼里充满了神秘色彩。最早的胡椒批发商阿拉伯和威尼斯的商人告诉罗马人说，胡椒生长在由龙看守的大瀑布里面，或是从天上摘下来的，是"天堂的种子"。另外，还有"胡椒来自毒蛇守卫的森林"的传说。相传中世纪的阿拉伯人为了隐瞒胡椒的发源地，对它的描述极尽神秘，他们说，"胡椒是在有剧毒的飞天蛇看守的森林里生长，平时人们都不敢靠近。只有每年胡椒果实成熟的时候，人们才一起冒着巨大的危险，用火点燃森林赶走这些毒蛇。大火赶走了毒蛇，同时也把胡椒果实熏黑，给予了它特有的黑皱皮和辛辣的气味，且人们必须在极短时间里收获胡椒，以免受到毒蛇的报复"。

中国热科院研究团队发表的胡椒属新种

◆ 尖峰岭胡椒 ◆

◈ 盾叶胡椒 ◈

◈ 水晶胡椒 ◈

香茅
Cymbopogon citratus (D. C.) Stapf.

扫描二维码
了解更多

一 植物档案

　　香茅别称柠檬茶、香茅草、大风草、柠檬香茅，禾本科香茅属多年生具香味草本植物，其草秆可高达 2 米。香茅原产于南印度，我国海南、广东等地有栽培。香茅草性味辛、温，有疏风通络、和胃通气、醒脑催情的功效。在亚洲许多国家，如印度、泰国、斯里兰卡、越南等地，香茅是一种重要的食物调料。我国云南德宏当地的傣家人也习惯在许多食物中加入香茅，并将香茅叶片烘干、折扭成束做成香茶，形成了独特的民族传统习俗。香茅也是常用的驱蚊剂，是美国天然药草防蚊剂中的主要活性成分，并对许多农业害虫有胃毒、拒食、忌避活性，具备开发为植物性农药的潜质。

二 植物有故事

　　我国两广地区（指广东、广西），因为气候的关系，人们在很早以前就知道用香茅煲水洗澡缓解风寒，但是他们当时并不知道香茅的名称，在那时的两广地区的人们看来，它也只是一种有用的野草。直到民国时期的《岭南采药录》再次提及香茅之名，香茅才终于被人们熟知。改革开放之后，由于泰式咖喱的盛行，广东的师傅才知道原来用于洗澡、喂牛的香茅还能作为膳食烹饪的辅材使用，于是才开始了将其用于烹饪中。

　　香茅草精油具有浓郁的柠檬清香，在用作化妆品、香水、沐浴液等日化产品的天然赋香剂的同时，也可发挥其抗菌、抗氧化的功能。

Cymbopogon citratus (D. C.) Stapf. 香茅　**15**

依兰

Cananga odorata (Lam.) Hook. f. et Thoms.

扫描二维码
了解更多

一 植物档案

　　依兰别称大依兰、香水树、依兰香，番荔枝科依兰属的常绿乔木或灌木。原产于缅甸、印度尼西亚、菲律宾和马来西亚；我国云南、广东、广西、海南、福建等省（自治区）湿热带引入栽培。其树皮灰色，幼枝条被短柔毛，老时无毛；花黄绿色，芳香；果近球形或卵圆形。依兰是热带木本香料植物，它的花有浓郁的香气，可提制高级香精油，称"依兰油"及"加拿楷油"，是一种用途很广的重要的日用化工原料，海南的妇女经常使用依兰精油来使头发更具光泽。早在20世纪初，法国化学家加纳与里奇就发现了依兰可对抗疟疾、斑疹伤寒与肠胃道感染，对心脏有安抚与平衡作用。依兰的香气还具有平复情绪的作用，若人情绪起伏过大或焦虑，只需要闻闻依兰的香味便可感到宁静。依兰还有个变种小依兰，小依兰为灌木，植株矮小，花的香气较淡，但也可制作精油。

二 植物有故事

　　依兰早在 20 世纪 20 至 30 年代就已引入中国栽培了。到了 60 年代初，植物科学工作者在进行植物调查时，在西双版纳勐腊县边境的一个傣族寨子里，发现了依兰。那时正是百花盛开的 5 月，调查队刚进寨门，一股浓烈的香味扑面袭来，走进寨子，整个寨子都弥漫在芬芳之中。调查队员四处环顾，想找到香味来源，见幢幢竹楼旁都栽种有几株开满黄花的大树，走到树下，看见地上到处是花瓣，捡了几瓣一闻，香味扑鼻。寨子里的姑娘们，把黄色的香花穿成花串，戴在发髻上，行走时，香随人行；虔诚的善男信女，把香花放在圣洁的水碗上漂浮着，敬献在佛前，尽显诚意。

　　调查队员采集了标本，查阅资料后发现，这种植物正是依兰，这是植物科学工作者在国内首次发现依兰。依兰香是享誉世界的名牌香料，有香花之王的美称，明明是很浓郁的香气，却还能在其中有变化，而不会给人很艳俗的感觉，是一种高贵且雅致的气味。依兰的鲜花出油率很高，常用作定香剂，广泛用于调配多种高级化妆品、皂用香精，多用于茉莉、白兰、水仙、风信子、栀子、晚香玉、紫丁香、铃兰、紫罗兰等花香型香精，在非花香型的木香、檀香玫瑰、麝香玫瑰和东方香型中也常用。依兰花语为纯洁无垢。

斑兰叶

Pandanus amaryllifolius Roxb.

扫描二维码
了解更多

一 植物档案

　　斑兰叶别称香兰叶、板兰香等，露兜树科露兜树属多年生热带常绿草本香料植物。原产于印度尼西亚东北部的马鲁古群岛，现主要分布在印度尼西亚、马来西亚、泰国、新加坡、斯里兰卡、印度、越南、新几内亚、中国与菲律宾等国家。其叶长剑形，叶缘偶见微刺，叶尖刺稍密，叶背面先端有微刺。叶片具有特殊香气——粽香，与泰国香米主要成分一致。斑兰叶是露兜树属中唯一叶片具有芳香气味的植物，具有"东方香草"之美誉。目前我国斑兰叶品种较少，生产上以"粽香斑兰"优良无性系为主。斑兰叶叶片富含角鲨烯、亚油酸、草蒿脑和叶绿醇等活性成分，具有增强细胞活力、加快新陈代谢、提高人体免疫力、消暑、清凉去火、安神、镇定及舒筋活络等作用，是制作糕点、甜品、糖果、饮料等的纯天然食品原料。同时具有驱虫和祛除异味、美化环境、清新空气的作用。

斑兰叶是东南亚常用的香料之一。坊间流传着这样的说法：马来西亚的娘惹（早期马来西亚人与华人通婚的女性后代），非常喜欢斑兰叶的芳香味，尝试把斑兰叶加入食物中，发现斑兰叶独特的天然芳香味能让食物增添清新、香甜的味道，且颜色鲜绿，使人赏心悦目。后来越来越多的人效仿，慢慢地演变到以新鲜椰汁混合斑兰叶来制作各种食物与糕点，这样做能增加食物的香味。娘惹把中国菜肴烹饪方式与南洋烹饪原料结合，做出的菜肴自成一派，叫作"娘惹菜"。娘惹菜既有中国菜的内蕴，又有马来菜的特色，集合两地烹饪特点呈现出一种新的口味，是令人交口称赞的经典南洋菜式之一。

斑兰叶产品

◇斑兰冰激凌◇

◇斑兰蛋糕◇

◇斑兰椰子汁◇

◇斑兰七层糕◇

草果

Amomum tsaoko Crevost et Lemarie

扫描二维码
了解更多

一 植物档案

草果别称草果仁、草果子，姜科豆蔻属多年生常绿草本植物。产自我国云南、广西、贵州等省（自治区），栽培或野生于疏林下海拔 1 100 ~ 1 800 米处。其茎丛生，高达 3 米，全株有辛香气，草果地下部分略似生姜，草果和其干燥成熟果实入药，味辛、性温，归脾、胃经，具有燥湿温中，除痰截疟之功效，能治积聚、截疟疾或作调味香料。草果精油中含有丰富的化学成分，达 80 多种，具有一定的抗癫痫、抗氧化、抗衰老、抗诱变、抑制肿瘤、抗菌、防霉、降血脂及降血糖等功效。

二 植物有故事

　　相传云南瑶族有一个小伙，父母双双去世，一个人栽着一片地谷，住着一间竹屋，守着两口吊锅过日子，因他勤劳耐苦，忙时栽、游、收、藏，闲时打猎、砍柴，生活还过得去。

　　一天他遇见了一位头顶花帕，发插银钗，耳坠银环，脖挂银链，手戴银镯，身穿红边长衣，拿着一穗黄白色的花，天仙一般美丽的女子。这位女子站在竹屋门口，向小伙询问她丢失的另一穗花。小伙立马将插在竹筒上的花归还了女子，女子问："这花香吗？好看吗？你喜欢吗？喜欢就送你了。"小伙答："这花真香，也很好看，那好极了。"女子又说："这花不仅好看，结的果还好吃呢，你的这一锅肉，放进一两颗它的果子，味道会更好，而且这果还能治病呢，肚子疼、肚子胀、拉肚子，只要嚼一颗吞下，病就好啦。"小伙听了说："我父母就是肚子疼，终因医不好而去世，但我本地生，本地长，大小山都跑遍了，都没见过这种东西，它叫什么呢？"女子说："这叫草果，是我从天上带下来的，天堂美，人间更美，我见人间没有草果，又见你人好，就偷偷下凡来找你了。"后来为了能使更多的人吃上草果，两人决定栽种草果，但怕天上的仙人发现，就只能将草果种植到树林中去。据说因草果是天上偷下来的，怕被仙人发现就只能栽种在潮湿的大树下的阴凉处，直到现在仍种植在树阴下。

肉豆蔻
Myristica fragrans Houtt.

扫描二维码
了解更多

一 植物档案

　　肉豆蔻别称玉果、肉寇、豆蔻，肉豆蔻科肉豆蔻属小乔木。原产于马鲁古群岛，我国海南、广东、云南等地有栽培。其果梨形，黄或橙黄色；假种皮红色，种子卵圆形。肉豆蔻气味芳香而强烈，据《药典》记载，肉豆蔻"性温，味辛，归脾、胃、大肠经"，温中行气，涩肠止泻，常用于脾胃虚寒，久泻不止，脘腹胀痛，食少呕吐。肉豆蔻的主要成分为挥发油和脂肪，其中挥发油含量在8% ～ 15%；脂肪含量在25% ～ 46%。肉豆蔻的营养价值较高，保健作用较突出，同时肉豆蔻也是热带著名的香料，可用来炖肉。

二 植物有故事

在古代，肉豆蔻被用来刺激食欲，促进消化，还可以被用来缓解失眠或腹泻等症状。肉豆蔻大量生长的"香料群岛"，指的就是摩鹿加群岛，现在全都属于印度尼西亚的马鲁古省，散布在有半个欧洲大小的海域上。肉豆蔻以前在欧洲是非常昂贵的一种药材，它的生长对气候和土壤条件都十分挑剔，又因据说可以治疗瘟疫而需求猛增。

在中国，"肉豆蔻"这一个词汇至唐以后才出现，唐代《本草拾遗》和《药性论》等药典中都有肉豆蔻词条。唐以前的文献里曾出现过豆蔻、草豆蔻和白豆蔻三个名称和形态相似的香料，但"肉豆蔻"这个名称没有出现。草豆蔻和白豆蔻同为多年生姜科植物，但分别为两个不同的种属。以植物分类学来说，草豆蔻与白豆蔻皆为草本植物，与木本植物的肉豆蔻树差异颇大，但草豆蔻、白豆蔻和肉豆蔻的果实却颇为类似，也都具有香气，都可作为香料。

丁香

Syzygium aromaticum (L.) Merr. & L.M.Perry.

扫描二维码
了解更多

一 植物档案

    丁香别称钉子香、丁子香、公丁香、雄丁香，桃金娘科蒲桃属常绿乔木。是原产于印度尼西亚的一种香料，我国海南等地有栽培。其植株高达 10 ~ 17 米。丁香单叶大，叶对生；花为红色或粉红色，花瓣 4 片，花蕾初起白色，后转为绿色，花芳香；浆果红棕色。丁香含丁香油，油中主要含有挥发性倍半萜类化合物及酚类、酯类化合物等。具有防腐剂及杀菌剂的特性，还可协助消化。精油局部被应用于减轻牙痛和口腔疼痛。叶片干燥后就是我们常喝的丁香茶。花蕾干燥后广泛用于烹饪中，作为食物香料。

二　植物有故事

　　丁香的花蕾是一种草药和香料，该品历来靠进口，引进年代不详，但《名医别录》已有鸡舌香的记载。据《本草拾遗》载："鸡舌香和丁香同种，花实丛生，其中心最大者为鸡舌……乃是母丁香也。"以后诸家均采纳此说。

　　丁香因香味独特和持久，还可除口臭，功用类似于现代的口香糖。据说在汉代，爪哇国派赴中国汉朝的使者觐见皇帝时常含嚼丁香，以使口气芬芳，所以丁香也称鸡舌香。为了保持口气清新自然，汉代的尚书郎向皇帝汇报工作之前，都要预先口含"丁香"。

八角
Illicium verum Hook. f.

扫描二维码
了解更多

一 植物档案

八角别称大料、八角茴香、五香八角、大茴香，五味子科八角属乔木。八角叶互生，聚合果平展，主产于广西西部和南部，海南有栽培。八角的蓇葖果晒干后是著名的调味香料，主要用于煮、炸、卤、酱及烧等烹调加工中。常在制作牛肉、兔肉的菜肴时加入，可除腥膻等异味，增添芳香气味，其作用是其他香料所不及的。同时，八角也是加工五香粉的主要原材料。其果皮、种子、叶都含芳香油，称八角茴香油（简称茴油）是制造化妆品、甜香酒、啤酒和食品工业的重要原料。同属其他种野生八角的果，则多具有剧毒，误食后会中毒，严重者会导致死亡。有毒的野八角蓇葖果发育常不规则，常不是八角形，形体与栽培八角不同，果皮外表皱缩，每一蓇葖的顶端尖锐，常有尖头，弯曲，果非八角那样有甜香味，味淡，食之麻舌或微酸麻辣，或微苦不适。

二 植物有故事

八角在我国早有应用，李时珍在《本草纲目》中就有很明确的记载，所以我国应用八角的历史至少有四百年以上。但是八角属的植物，果实大多相似，且大多有剧毒。例如莽草、红茴香、野八角等均含有剧毒，不可食用。

Illicium verum Hook. f.　八角　29

肉桂
Cinnamomum cassia Presl.

扫描二维码
了解更多

一 植物档案

　　肉桂别称桂皮、桂枝、玉桂，樟科樟属乔木。其树皮灰褐色，老树皮厚达1.3厘米。原产于我国，现海南、广东、广西、福建、云南等省（自治区）的热带及亚热带地区广为栽培。为烹饪材料及药材。肉桂的树皮常被用作香料，是平常家中炖肉、炒菜必不可少的调味品。在西方，人们更是用肉桂打成粉末加入咖啡、奶茶中调味。肉桂还含有特殊芳香气味，可以制作比较特殊的香料。其木材可供制造家具，该种也能作园林绿化树种。

二 植物有故事

　　相传古代四大美女之一的西施，抚琴吟唱自编的《梧叶落》时，忽感咽喉疼痛，遂服用大量清热泻火之药，之后，感觉症状得以缓和，但药停即发。后另请一名医，遵医嘱服用肉桂，最终治好了咽喉症。

　　从古到今，肉桂便被众多医家所用，其最早被记载于《神农本草经》中，属上品，被称为牧桂、菌桂，后在《唐本草》中最早发现肉桂这一名称。其性大热，味辛、甘，归肾、脾、心、肝经，具有活血通经、补火助阳、引火归原、散寒止痛、温通经脉的功效。

白兰
Michelia × alba DC.

扫描二维码
了解更多

一 植物档案

　　白兰别称白玉兰、白兰花、缅栀，木兰科含笑属乔木植物。树高可达 17 米，花白色，极香，果鲜红色。原产于印度尼西亚爪哇，现广泛栽种于我国海南、福建、广东、广西、云南等地区。白兰的花和叶都含有生物碱、挥发油、酚类等化学成分，可用于提取精油，所得到的精油（白兰花油和白兰叶油）是香料工业中一种重要的花香精油原料，广泛应用于各种高档香精配方中，可调配各种花香型香精、化妆品香精、香水等。

二 植物有故事

　　白兰是一种著名的香花，与茉莉花、栀子花并称"盛夏三白"。人们很喜爱白兰花，南方的一些城市，每当开花时节，便有人用细铜丝将其或三五朵穿成一串，或穿成小胸饰、发饰，一边走街串巷，一边吆喝："白兰花哎，栀子花！"姑娘媳妇闻讯而出，掏出几个小钱，买上几朵或佩于衣襟，或插于发髻，欣喜之情扬上眉梢。还有一些人家用细铜丝将其穿成花环，挂于室内，顿时满屋飘香。未全开放的白兰花放置几天都仍然鲜活如初，即使变成了红色的干花，仍然芳香如故，用以泡茶则感到浓香甜润。白兰花的花语代表纯洁的爱，如同它的花色般纯洁。

Michelia × *alba* DC. 白兰

鹧鸪茶

Mallotus peltatus (Geiseler) Muller Argoviensis

扫描二维码
了解更多

一 植物档案

　　鹧鸪茶别称山苦茶、毛茶、禾茶，大戟科野桐属灌木或小乔木。为海南特产，叶圆味甘，是一种奇特的野生茶叶。这种野生灌木，性僻耐干旱，喜欢生长于荒山野岭石头缝中，树高可超过 3 米，最高甚至到 10 米。叶片呈圆状卵形，叶片长 5 ~ 15 厘米。鹧鸪茶主产于冠有"世界长寿之乡"美誉的海南万宁各山区、丘陵、沿海一带，由优良品质原生态野生鹧鸪茶树大叶制成，其茶质醇厚，有口皆碑。品之其味甘辛、香温，散发出浓郁的零陵香气。千百年以来，被历代文人墨客誉为茶品中的"灵芝草"，是海南各地人民群众四季常饮和接待宾客的绿色养生健康饮品。我国著名诗人、戏曲作家田汉当年登东山岭曾写下"羊肥爱芝草，茶好伴名泉"的诗句，这里的茶就是指鹧鸪茶。

二 植物有故事

《本草求原（卷一）》云："鹧鸪茶，甘辛，香温，主咳嗽，痰火内伤，散热毒瘤痢；理蛇要药。根，治牙痛，疳积。"现代文献则记载其有"干后有零陵香气"。

相传在古代，长有鹧鸪茶的地方，老百姓只是上山时顺便采鹧鸪茶叶回来泡茶喝。后来，万宁有一家人养有一只心爱的山鹧鸪鸟，这只鸟生病了，这家人便翻山越岭上东山岭，采摘鹧鸪茶泡热水给鹧鸪鸟喝，几天后小鸟恢复了健康，于是，人们了解了此茶的保健功用，并为其取名为鹧鸪茶。

过去有一说法，认为鹧鸪茶只生长于万宁东山岭，故民间有"东山岭鹧鸪茶"之称。实际上，在海南的琼中、乐东、保亭、五指山等山区都有鹧鸪茶生长，但以万宁东山岭等地的鹧鸪茶质量最好，最有名气。

苦丁茶
Ilex Kaushue S. Y. Hu

扫描二维码
了解更多

一 植物档案

苦丁茶别称扣树、茶丁、富丁茶，冬青科冬青属的常绿乔木。主要分布于我国海南、江西、广东、四川、重庆、贵州、湖南等地。苦丁茶全株无毛；叶长圆形或卵状长圆形；花序簇生叶腋，圆锥状；果球形，熟时红色。其嫩芽加工后可泡水饮用，是我国民间一大类代茶植物或代茶产品的统称。苦丁茶中含有苦丁皂苷、氨基酸、维生素 C、多酚类、黄酮类、咖啡碱、蛋白质等 200 多种成分。成品茶清香有苦味，而后甘凉，具有清热消暑、明目益智、生津止渴等多种功效。在全国各地被作为"苦丁茶"饮用的植物至少有 35 种，其中有两大类苦丁茶已得到较大规模的产业化开发，并产生了显著的经济效益和良好的社会效益；一类是以粗壮女贞为代表的木樨科苦丁茶；另一类则是以苦丁茶冬青为代表的冬青科苦丁茶。

二 植物有故事

苦丁茶在中国古书多被称为"皋卢茶"，为药、饮兼用之名贵保健珍品，已有 2 000 多年的饮用历史。苦丁茶还是中国作为世界上最早栽培茶叶的主要证据之一。东汉一书中载曰："南方有瓜卢木（即皋卢），亦似茗，至苦涩，取火屑，

茶饮……而交广（即两广和越南一带）最重，客来先设，乃加毛茸（绿茶的一种）。"

　　相传很久以前，黎族小伙猎哥上山打猎时不幸染病，回家后口干舌燥、四肢乏力。见状，猎哥的妻子黎妹只能焦急地四处遍寻草药，尝试着从一簇长势葱绿的小树上采回几片嫩叶，煮水给其服用，没想到喝下此药汤后，猎哥的身体竟恢复如初。从此，当地的黎族同胞便把这种嫩叶当成了"奇方妙叶"。

神秘果

Synsepalum dulcificum
(Schameeh&Thonn.) Daniell

扫描二维码
了解更多

一 植物档案

　　神秘果别称变味果、奇迹果、甜蜜果，山榄科神秘果属，多年生常绿灌木。树高 3 ～ 4.5 米，枝、茎灰褐色，枝条数量多，叶呈琵琶形或倒卵形，叶面青绿，叶背草绿。神秘果开白色小花。果实为单果着生，椭圆形。成熟时果鲜红色。每果具有 1 粒褐色种子，扁椭圆形。神秘果原产于西非加纳、刚果一带。20 世纪 60 年代后，被引入到我国海南、广东、广西、福建、四川、贵州等地栽培。神秘果喜高温、高湿气候，有一定的耐寒耐旱能力。神秘果是常绿阔叶灌木，它的果实酸甜可口，吃后再吃其他的酸性食物，如柠檬、酸豆等，可转酸味为甜味，故有"神秘果"之称。其株型较矮小，生长慢，枝叶紧凑，枝条弹性好，耐修剪，树形优美，果实成熟时鲜艳美观，花、叶、果都具有较高的观赏价值。因其独特的变味功能而颇具神秘性，是一种集趣味性、观赏性和食用性于一体的植物。

二 植物有故事

　　20世纪60年代，周恩来总理在西非访问时，加纳共和国曾将神秘果作为国礼送给了周恩来总理。神秘果的果实吃的时候没有什么特别的味道（微甜），但吃过后再吃任何酸性的东西都会变甜，这种作用能持续一个多小时，为什么会这

么神奇呢？因为神秘果果肉中含有的一种糖蛋白（又称神秘果素）可以把柠檬酸和苹果酸转化为果糖，可以改变人的味觉，所以吃过神秘果后吃任何酸性食物都觉得是甜的，因此神秘果也被称为"果园里的魔术师"。每千克的神秘果可提取50～200毫克的神秘果素，一般0.1毫克的神秘果素就能产生持久的增甜作用，所以可以把它制成酸性食品的助食剂，也可以制成满足糖尿病人对甜味需要的变味剂。

糯米香

Strobilanthes tonkinensis Lindau

扫描二维码
了解更多

一 植物档案

　　糯米香别称糯米香茶，爵床科马蓝属的草本植物。其嫩枝有短糙状毛，后变无毛，植株干时发出糯米香气。糯米香原产于我国云南、广西等地，海南亦有种植。生于低山沟谷密林下或石灰岩山脚密林下，其叶片中含有 16 种氨基酸和 50 多种香气成分，尤其是角鲨烯的含量约占挥发性组分 40%，为开发植物源性角鲨烯、替代动物源性角鲨烯等生物活性物质奠定了基础，可代茶，具有清热解毒、养颜抗衰的功效，是一种天然饮料，被誉为"美容茶"。其叶片与茶叶调配作饮料，冲泡出的茶水有一股清香的糯米香味，是傣家待客的常用饮品；亦可用于调配香精，作为酒曲、饼干、冰激凌、点心配料，其香气清雅、滋味醇正爽口。且糯米香具有补肾健胃之药用功效，亦用于治疗小儿疳积和妇女白带过多等疾病。

二 植物有故事

早在 2 000 多年前，糯米香就作为傣医药被记录在贝叶经上，后来转记纸板经，被记录为"ong"（贝叶经制作是云南西双版纳地方传统技艺，国家级非物质文化遗产之一）。傣族人之所以把糯米香称作"ong"，是因为傣语里"ong"是"很香"的意思，当地常将糯米香种植在房前屋后或菜地里，以及阳台花盆中。

西双版纳南糯山是澜沧江下游西岸最著名的古茶山，是优质茶的重要原料产地。南糯山最早什么时候开始种糯米香已不可考证，根据当地爱伲人的父子连名制可推算出他们已经在南糯山生活了 1 100 多年。一直以来，爱伲语称糯米香"miao da"，常将晾干的糯米香和茶一起煮着喝，如今在菜市场还可看到摆着按捆卖的糯米香。

迷迭香
Rosmarinus officinalis L

扫描二维码
了解更多

一 植物档案

迷迭香别称海洋之露、柑甘菊，唇形科迷迭香属灌木，植株高达 2 米；其叶常常在枝上丛生，具极短的柄或无柄，叶片线形；花冠蓝紫色。迷迭香原产于欧洲及北非地中海沿岸，在欧洲南部主要作为经济作物栽培；中国曾在曹魏时期引种，现主要在中国南方大部分地区与山东地区栽种。迷迭香是一种名贵的天然香料植物，生长季节会散发一种清香气味，有清心提神的作用，煎牛排时放迷迭香可以增加食物的香味。迷迭香还可以做抗氧化剂，广泛用于医药、油炸食品及各类油脂的保鲜保质。迷迭香香精则用于香料、空气清新剂、驱蚊剂以及杀菌、杀虫等日用化工业。

二 植物有故事

迷迭香的第一缕香气飘散在蜀中，魏文帝特别喜欢作为贡品进贡的迷迭香。史册记载曹丕"种迷迭于中庭，嘉其扬条吐香，馥有令芳"，独赏无趣，他还邀来建安七子同赏，兴致高昂之时令大家以"迷迭香"为题赋诗吟咏，众人皆留下名篇传世。曹植一首清逸婉丽的《迷迭香赋》脱颖而出，他记述了迷迭香枝叶生长"流翠叶于纤柯兮，结微根于丹墀。"又夸赞它花朵"芳暮秋之幽兰兮，丽昆仑之英芝"，最后还点明了迷迭香在当时做香囊佩戴熏染衣物或身体的主要作用"去枝叶而特御兮，入绡縠之雾裳。附玉体以行止兮，顺微风而舒光"。

迷迭香在西餐中应用比较多，就像辣椒之于川菜。在煎牛排或羊排时，加入迷迭香后，迷迭香枝叶里带有的松木苦味可以缓解腥膻牛羊肉的油腻。在海南，有专业从事迷迭香植物的培育、提取、应用研究等综合性开发的高科技企业，主要加工生产迷迭香的各种产品以及食品添加剂、食品原辅料。

中央级公益性科研院所基本科研业务费专项（项目名称：特色热带植物创新文化研究，项目编号：1630012022015）和国家大宗蔬菜产业技术体系花卉海口综合试验站专项资金（CARS-23-G60）资助